Gun Mardiatmoko
Thomas Silaya
Jan Hatulesila

Conflitos florestais na gestão dos recursos florestais

**Gun Mardiatmoko
Thomas Silaya
Jan Hatulesila**

Conflitos florestais na gestão dos recursos florestais

ScienciaScripts

Imprint

Any brand names and product names mentioned in this book are subject to trademark, brand or patent protection and are trademarks or registered trademarks of their respective holders. The use of brand names, product names, common names, trade names, product descriptions etc. even without a particular marking in this work is in no way to be construed to mean that such names may be regarded as unrestricted in respect of trademark and brand protection legislation and could thus be used by anyone.

Cover image: www.ingimage.com

This book is a translation from the original published under ISBN 978-3-659-84352-5.

Publisher:
Sciencia Scripts
is a trademark of
Dodo Books Indian Ocean Ltd. and OmniScriptum S.R.L publishing group

120 High Road, East Finchley, London, N2 9ED, United Kingdom
Str. Armeneasca 28/1, office 1, Chisinau MD-2012, Republic of Moldova, Europe
Printed at: see last page
ISBN: 978-620-8-10321-7

Prefácio

Quando se trata da gestão dos recursos naturais e da terra num país, geralmente envolve conflitos de interesses entre os gestores e a comunidade local onde o recurso está localizado. O papel dos recursos naturais e da terra nos conflitos está a atrair cada vez mais a atenção internacional devido à natureza mutável dos conflitos armados e a uma variedade de tendências globais a longo prazo. As questões relacionadas com os recursos naturais e a terra quase nunca são a única causa do conflito. Em geral, os conflitos fundiários tornam-se violentos quando são acompanhados por processos mais amplos de exclusão política, discriminação social, marginalização económica e pela percepção de que a acção pacífica já não é uma estratégia viável para a mudança. Na verdade, o esgotamento dos recursos naturais renováveis, combinado com a degradação ambiental e as alterações climáticas, representa uma ameaça fundamental para a segurança humana. Individualmente ou em combinação com outros factores, podem desestabilizar os meios de subsistência, impactar negativamente os ecossistemas e minar a paz e o desenvolvimento.

Este livro trata do conflito entre os povos indígenas e a empresa madeireira na ilha de Yamdena , na província de Maluku, na Indonésia. Os objetivos da publicação deste livro foram: (1) determinar os direitos consuetudinários dos povos indígenas à área florestal reivindicada como sua propriedade, de acordo com as leis e regulamentos aplicáveis; (2) examinar as causas do conflito entre os povos indígenas e a empresa madeireira e (3) analisar as políticas de gestão dos recursos florestais nas terras consuetudinárias. A publicação deste livro pretende ser usada como uma das muitas soluções de problemas para lidar com conflitos relacionados à gestão de recursos naturais. Esperamos que este livro seja útil e que sugestões de melhorias possam ser esperadas no futuro.

Equipe de autores

Conflito por recursos naturais

Onde existem recursos naturais, há conflitos. De acordo com a Parceria UE-ONU (2008a), resolver os conflitos de recursos naturais é agora mais importante do que nunca. À medida que o crescimento económico e populacional aumenta o consumo global, muitos países enfrentam uma escassez crescente de recursos renováveis vitais, como água doce, terras aráveis, pastagens, florestas, pescas e outros animais selvagens. O esgotamento dos recursos naturais renováveis, combinado com a degradação ambiental e as alterações climáticas, representa uma ameaça fundamental para a segurança humana. Individualmente ou em combinação com outros factores, podem desestabilizar os meios de subsistência, impactar negativamente os ecossistemas e minar a paz e o desenvolvimento. Os governos dos países em desenvolvimento, dos estados frágeis e das economias emergentes estão sob pressão crescente para gerirem os recursos naturais de forma sustentável e para resolverem conflitos sobre a sua propriedade, gestão, atribuição e controlo. O conflito em si não é um fenómeno negativo; na verdade, um conflito bem gerido pode ser uma parte essencial da mudança social, da democracia e do desenvolvimento. Contudo, onde as instituições locais e nacionais não têm capacidade para resolver disputas sobre a degradação ou esgotamento dos recursos naturais, podem surgir conflitos violentos e irão surgir.

O conflito também surge quando dois ou mais grupos acreditam que os seus interesses são incompatíveis. Os conflitos não são em si um fenómeno negativo. O conflito não violento pode ser uma parte essencial da mudança e do desenvolvimento social e é uma parte necessária da interacção humana. A resolução não violenta de conflitos é possível quando indivíduos e grupos confiam nas suas estruturas governamentais, na sociedade e nas instituições para gerir interesses incompatíveis. Os conflitos tornam-se problemáticos quando os mecanismos sociais e as instituições de gestão e resolução de conflitos se desintegram e dão lugar à violência. Sociedades com instituições fracas, sistemas políticos frágeis e relações sociais divisivas podem ser atraídas para um ciclo de conflito e violência. Prevenir esta espiral negativa e garantir a resolução pacífica de conflitos é um interesse central da comunidade internacional. Os factores ambientais raramente, ou nunca, são a única causa de conflitos violentos. Contudo, a exploração dos recursos naturais e as pressões ambientais associadas podem estar implicadas em todas as fases do ciclo do conflito, contribuindo para a eclosão e manutenção da violência ou minando a perspectiva de paz.

O papel da terra e dos recursos naturais nos conflitos está a atrair cada vez mais a atenção internacional devido à natureza mutável dos conflitos armados e a uma série de tendências globais de longo prazo. Os problemas de terras e matérias-primas quase nunca são a única causa do conflito. Os conflitos fundiários tornam-se muitas vezes violentos quando são acompanhados por processos mais amplos de exclusão política, discriminação social, marginalização económica e a percepção de que a acção pacífica já não é uma estratégia viável para a mudança. As questões fundiárias levam facilmente ao conflito. A terra é um importante activo económico e um meio de subsistência; está também intimamente ligado à identidade, história e cultura da comunidade. As comunidades podem, portanto, mobilizar-se facilmente em torno de questões fundiárias, tornando a terra um objecto central de conflito. Abordar questões e conflitos fundiários é fundamental para criar uma paz sustentável. A assistência internacional deve dar prioridade à abordagem precoce e sustentada das questões fundiárias como parte de uma estratégia mais ampla de prevenção de conflitos. Essa atenção precoce pode reduzir os custos humanos, económicos, sociais e ambientais do conflito. Os conflitos fundiários tendem a ser dinâmicos: a relação entre terra e conflito muda frequentemente ao longo do tempo. Os conflitos violentos podem coexistir com os esforços de paz e podem até contribuir para o surgimento de novas queixas após um acordo de paz. Da mesma forma, o apoio internacional para lidar com conflitos fundiários deve ser flexível. Em contextos de conflito, as estratégias de gestão de conflitos devem ser complementadas, por exemplo, por negociações, construção do Estado e estratégias contínuas de prevenção de conflitos (Parceria UE-ONU, 2008b).

A resolução não violenta de conflitos é possível quando indivíduos e grupos confiam nas suas estruturas governamentais para gerir interesses incompatíveis. Quando os mecanismos de gestão e resolução de conflitos falham, os conflitos tornam-se problemáticos e podem tornar-se violentos. Instituições fracas, sistemas políticos frágeis e relações sociais divisivas podem perpetuar ciclos de conflitos violentos. Prevenir esta espiral e garantir a resolução pacífica de conflitos é um interesse fundamental tanto dos Estados individuais como da comunidade internacional. Os conflitos sobre recursos renováveis surgem geralmente de questões como quem deve ter acesso e controlo sobre os recursos e quem pode influenciar as decisões sobre a sua atribuição, partilha de benefícios, gestão e taxas de utilização. É importante notar que as disputas e queixas sobre os recursos naturais raramente, ou nunca, são a única causa de conflitos violentos. As causas da violência são geralmente complexas. No entanto, as disputas e queixas sobre os recursos naturais podem contribuir para conflitos violentos quando se cruzam com outros factores, como a polarização étnica, os elevados níveis de desigualdade, a pobreza, a injustiça e a má governação. Por outras palavras, quando a insatisfação com os recursos naturais – percebida ou real

– alimenta, intensifica ou agrava ainda mais as tensões e factores de stress económicos, políticos ou de segurança, podem ocorrer conflitos violentos. As ligações causais simples entre disputas por recursos naturais e conflitos violentos raramente seguem uma progressão direta ou linear. O que geralmente determina se um conflito se transforma em violência depende dos seguintes factores: sistemas políticos – particularmente até que ponto se baseiam na marginalização e na exclusão; a presença e extensão da autoridade estatal e do Estado de direito; factores socioeconómicos – particularmente ligados a padrões de discriminação e desigualdade; e a situação de segurança prevalecente. A forma como os conflitos por recursos naturais são politizados dentro do conflito e do contexto político mais amplo é também um factor determinante para que o conflito se torne ou não violento. Os conflitos sobre recursos naturais têm três causas:

- **Motor 1. Competição por recursos renováveis cada vez mais escassos:** O termo "escassez de recursos" descreve uma situação em que a oferta de recursos renováveis – como água, florestas, pastagens e terras aráveis – é insuficiente para satisfazer a procura. A crescente escassez de recursos naturais renováveis necessários para apoiar os meios de subsistência pode aumentar a concorrência entre grupos de utilizadores. As respostas sociais ao aumento da concorrência podem incluir migração, inovação tecnológica, cooperação e conflitos violentos. TIC. Existem três causas principais para o aumento da escassez de recursos, ocorrendo individualmente ou em combinação:
  - **Escassez relacionada à demanda:**
    A escassez relacionada com a procura ocorre quando a procura de um determinado recurso renovável não pode ser satisfeita pela oferta existente. Embora um recurso como a água ou a terra arável possa inicialmente satisfazer todas as necessidades locais, o crescimento populacional, as novas tecnologias ou o aumento das taxas de consumo podem reduzir a disponibilidade per capita do recurso ao longo do tempo.
  - **Escassez relacionada à oferta:**
    A escassez relacionada com a oferta ocorre quando os danos ambientais, a poluição, as flutuações naturais ou uma falha na infra-estrutura de abastecimento limitam ou reduzem a oferta global ou a disponibilidade local de um determinado recurso. Quando a oferta de recursos naturais é reduzida, as oportunidades para prosseguir estratégias produtivas de subsistência são prejudicadas, conduzindo potencialmente à concorrência entre grupos de subsistência.
  - **Escassez estrutural:**
    A "escassez estrutural" ocorre quando diferentes grupos numa

sociedade têm acesso desigual aos recursos. A escassez estrutural pode resultar de uma má gestão dos recursos naturais (conforme descrito no Fator 2 abaixo), mas também pode ocorrer numa estrutura de gestão que funcione bem, como resultado de diferentes decisões e compromissos sobre a utilização do solo. Ao mesmo tempo, as práticas culturais, a dinâmica de género e as barreiras sociais e económicas também podem levar à escassez estrutural.

- **Factor 2. Má gestão dos recursos naturais renováveis e do ambiente:**
As políticas, instituições e processos que regulam o acesso, a utilização, a propriedade e a gestão dos recursos naturais podem ser os principais impulsionadores do conflito. Em muitos casos, contribuem tanto para a escassez estrutural como para as queixas relacionadas com a exclusão política, a corrupção e uma distribuição desigual de benefícios. Ao mesmo tempo, a gestão de recursos desempenha um papel crucial na gestão de conflitos causados pela crescente escassez de recursos e na resolução de queixas antes que conduzam à violência. Compreender o quadro de governação dos recursos naturais a nível nacional e local e os mecanismos de resolução de litígios pode fornecer informações importantes sobre a razão pela qual ocorrem os conflitos sobre os recursos renováveis e como podem ser resolvidos. Existem quatro causas principais para a má gestão de recursos, que podem agir individualmente ou em combinação:
- **Aplicação pouco clara, sobreposta ou deficiente dos direitos e leis dos recursos:**
Os sistemas de propriedade de terras e recursos, os direitos e as leis correspondentes determinam quem pode utilizar que recursos no país, durante quanto tempo e em que condições. Em muitos países, a terra e os recursos naturais renováveis são governados por uma combinação de formas de propriedade legais, consuetudinárias, informais e religiosas. Os desacordos, as contradições ou a sobreposição de direitos relativamente a estas "regras", bem como a incerteza sobre os direitos aos recursos, estão frequentemente no centro do conflito. A incapacidade do Estado de alargar a sua presença e autoridade às zonas rurais para fazer cumprir as leis e resolver disputas é muitas vezes uma causa profunda da má gestão dos recursos naturais. Da mesma forma, a falta de compreensão e consideração do direito consuetudinário por parte do Estado pode exacerbar as tensões.
- **Políticas, direitos e leis discriminatórias que marginalizam determinados grupos:** Quando um grupo de utilizadores controla o acesso aos recursos renováveis em detrimento de outros, as

comunidades dependentes dos recursos naturais são frequentemente marginalizadas. A violência pode ocorrer quando indivíduos e grupos procuram um acesso maior, mais justo e mais igualitário a recursos importantes. A luta por mais justiça pode estar ligada ao reconhecimento da identidade, do estatuto e dos direitos políticos, dificultando os processos de resolução de conflitos. Tal como discutido acima, este pode ser um factor-chave que causa carências estruturais.

- **Distribuição desigual de benefícios e encargos dos projectos de desenvolvimento:** As indústrias extractivas, as instalações industriais ou os grandes projectos de infra-estruturas podem trazer muitos benefícios às comunidades locais, mas também podem danificar gravemente, esgotar ou poluir os recursos naturais renováveis e tornar-se uma importante fonte de queixas. Os impactos ambientais dos projectos de desenvolvimento podem causar tensões se as comunidades não forem compensadas pelos danos e não receberem uma parte dos benefícios financeiros ou outros benefícios de desenvolvimento.

- **Falta de participação pública e transparência na tomada de decisões:**

As políticas e intervenções em matéria de recursos naturais são muitas vezes realizadas pelo Estado em colaboração com intervenientes do sector privado, sem envolvimento activo das comunidades afectadas ou sem transparência e consulta suficientes com as partes interessadas. Se as comunidades e as partes interessadas não estiverem adequadamente envolvidas ou excluídas do processo de tomada de decisões sobre recursos naturais renováveis, é provável que se oponham a quaisquer decisões ou resultados relacionados. A perda de acesso a recursos críticos, a deslocação sem compensação ou os aumentos repentinos no preço dos recursos renováveis, como a água, podem causar tensões significativas entre as comunidades afectadas, o governo e o sector privado.

■ **Motor 3. Dinâmica transfronteiriça e pressão sobre os recursos naturais:**

Os desafios da gestão dos recursos naturais renováveis transcendem muitas vezes as fronteiras nacionais. Isto é particularmente verdadeiro para a água, a vida selvagem, a pesca e a qualidade do ar. Da mesma forma, os riscos para os recursos renováveis decorrentes da gestão de resíduos, da poluição, das alterações climáticas e das catástrofes são frequentemente de natureza transfronteiriça. Embora os Estados tenham o direito soberano, ao abrigo da Carta das Nações Unidas e dos princípios do direito internacional, de utilizar os seus próprios recursos de acordo com as suas próprias políticas ambientais e de desenvolvimento, também têm a responsabilidade de garantir que as actividades dentro da sua jurisdição ou controlo do ambiente de outros estados não causam danos. No entanto, as dinâmicas e pressões transfronteiriças excedem frequentemente a capacidade de um único Estado soberano para as gerir unilateralmente e exigem cooperação e co-gestão com

Países vizinhos (parceria UE-ONU, 2008a)

Em muitos países tem havido conflitos sobre a gestão das reservas naturais. Por exemplo, a Reserva Natural Van Long, no Vietname, sofreu incêndios florestais, uso insustentável da terra na área central da reserva, turismo em rápido crescimento e a fábrica de cimento localizada adjacente à reserva (Nguyen, 2008). Na Reserva Natural do Rio Nangun , em Yunnan, China, tem havido graves conflitos entre gestores de reservas e comunidades locais (Kui, 2000). O Parque Nacional Khao Yai, na Tailândia, também sofreu com problemas na proteção do habitat de tigres e elefantes na Índia. Assim, os humanos e a vida selvagem são forçados a partilhar recursos comuns, o que pode levar a conflitos entre humanos e animais selvagens (Bargali, 2016). Conflito humano-tigre em Kerinci Parque Nacional Seblat , Sumatra, Indonésia (Nugraha e Sugardjito , 2009). De acordo com Madden (2009), os conflitos entre humanos e animais selvagens representam um sério obstáculo à conservação global e tornar-se-ão mais comuns à medida que as populações aumentarem, os avanços do desenvolvimento, as alterações climáticas globais e os factores humanos e ambientais colocarem os seres humanos e os animais numa maior competição directa, provocando uma base de recursos cada vez menor. Além disso, os conflitos entre humanos e animais são muitas vezes menos um conflito entre humanos e animais do que um conflito entre humanos sobre animais. De acordo com TII (2016), os conflitos foram exacerbados pelas respostas lentas da administração do parque nacional à rápida dinâmica social e política para além das fronteiras do NP. Estas incluem: (a) a falta de clareza sobre até que ponto as comunidades estão envolvidas na governação do PN; (b) a proliferação/divisão generalizada de distritos como resultado da descentralização, que resultou na sobreposição da jurisdição de vários distritos (por vezes completamente) com áreas de conservação, levando a conflitos de autoridade entre a administração do distrito e do PN; (c) o fracasso do Serviço Nacional de Parques em demonstrar a verdadeira contribuição económica da conservação para sustentar os meios de subsistência da comunidade e aumentar o produto interno bruto dos governos locais.

Na verdade, muitos conflitos no domínio dos recursos renováveis ou, em particular, no domínio da gestão das reservas naturais, que surgem de tempos a tempos em todos os países, não podem ser totalmente resolvidos.

Em geral, só podem ser parcialmente resolvidos e não existe uma resolução holística de conflitos. Esta situação pode ser apresentada como um paradoxo de Zenão. Neste paradoxo, um homem quer ir do ponto A ao ponto B. Para cobrir a distância, ele tem que percorrer metade da distância. Para cobrir a metade restante da distância, ele deve primeiro percorrer metade dessa distância, deixando um quarto da distância total restante. Mas para cobrir essa distância, ele deve primeiro completar metade dela. Neste paradoxo, o homem sempre caminha metade da distância restante e nunca chega (Sternberg e Grigorenko, 2007). Portanto, só podemos fazer muitos esforços para reduzir ou minimizar gradualmente a gestão de conflitos nas reservas naturais. Existem muitas abordagens e técnicas para resolução de conflitos, uma das quais é o uso do planejamento estratégico. Segundo Mittenthal (2002), um plano estratégico é uma ferramenta que fornece orientação no cumprimento de uma missão com máxima eficiência e impacto. Para ser eficaz e útil, deve formular objectivos específicos e descrever as acções e recursos necessários para atingir esses objectivos. Normalmente, a maioria dos planos estratégicos deve ser revista e revisada a cada três a cinco anos. Os planos estratégicos são documentos abrangentes que cobrem todos os aspectos do trabalho de uma organização, incluindo programas e serviços, gestão e operações, captação de recursos e finanças, instalações e governança. Dependendo do escopo e do foco da organização, um plano também pode descrever abordagens para melhorar o marketing, as comunicações internas e externas, o desenvolvimento dos membros e o sistema administrativo.

Conflito florestal nacional

A área de floresta tropical da Indonésia de 123,5 milhões de hectares se estende por ilhas grandes e pequenas. A área florestal da Indonésia cobre 50 a 60% da área do país. Os conflitos florestais ocorreram frequentemente durante o desenvolvimento da silvicultura na Indonésia. Os conflitos florestais, incluindo a exploração madeireira ilegal, o comércio ilegal, a propriedade de terras, os incêndios florestais relacionados com a preparação de terras para o cultivo de óleo de palma, etc., levaram à degradação florestal e à desflorestação em quase todas as áreas florestais na Indonésia. Portanto, estes conflitos ocorrem não apenas em áreas florestais, mas também em reservas naturais. Contribuíram significativamente para o aquecimento global e a Indonésia é hoje o terceiro maior emissor de gases com efeito de estufa no mundo, depois dos EUA e da China. Os conflitos florestais continuam devido à fraca aplicação da lei. A Indonésia possui leis e regulamentos florestais adequados, mas estes são muitas vezes incompletos ou não totalmente implementados. Isto pode ser atribuído a uma variedade de razões, incluindo o tamanho do país, os recursos limitados de aplicação da lei, o afastamento das áreas florestais e a infra-estrutura mínima em muitos locais. Isto torna difícil monitorizar a criminalidade florestal generalizada utilizando métodos tradicionais (silvicultores, relatórios de cidadãos preocupados, etc.). As restrições institucionais também dificultam o funcionamento das leis. Particularmente no Ministério das Florestas, não existe um fluxo de informação adequado ou sistemático entre as diferentes direcções, excepto através de canais estreitos prescritos (Solle e Brown, 2009). Fora do Ministério das Florestas, a comunicação entre outros ministérios é restrita . A situação foi agravada pelo apoio do governo e dos militares à empresa madeireira, que estava em disputa com a comunidade tradicional/povos indígenas (Yasmi et al., 2011). Houve também corrupção nas forças armadas, nas autoridades florestais, na burocracia relacionada com as florestas e no poder judicial (De Koning et al., 2008; Palmer, 2000).

A desarmonia social na gestão e utilização dos recursos florestais, incluindo as reservas florestais, é um problema grave e, se não for abordada, pode levar a actos de violência. Os conflitos florestais entre os utilizadores da terra e as florestas multidimensionais estão fundamentalmente no cerne dos problemas sociológicos florestais a nível local, regional e nacional. Estas circunstâncias levam à desarmonia entre os utilizadores das florestas na implementação da gestão florestal sustentável. O manejo florestal sustentável é o processo de manejo das florestas para atingir um ou mais objetivos de manejo claramente definidos com o objetivo de produzir um fluxo contínuo de produtos e serviços florestais desejados, sem reduzir indevidamente os valores inerentes e a produtividade futura e sem impactos indesejáveis indevidos no físico. e ambiente social (ITTO, 2011). A desarmonia na gestão florestal tornou-se um verdadeiro obstáculo no processo de gestão florestal sustentável, uma vez que o conflito leva à falta de incentivos e à incerteza na utilização das florestas na Indonésia. Além disso, há maior indiferença quanto ao futuro dos recursos florestais utilizados pelas empresas madeireiras, que só pensam no manejo florestal de curto prazo para benefício financeiro da empresa, mas ignoram o bem-estar das comunidades do entorno da floresta. A má relação entre a população indígena e as empresas madeireiras como actores na gestão e utilização dos recursos florestais é uma questão importante que requer a atenção de todas as partes, a fim de encontrar uma solução. Muitas pessoas, como investidores e gestores de projetos de desenvolvimento florestal, evitam este tema de discussão. Por outro lado, intelectuais, decisores políticos, legisladores e reguladores, e activistas de organizações não governamentais (ONG) na Indonésia atribuem grande importância a esta questão. A importância deste tema reside no facto de se basear na integração nacional e na democratização do uso e gestão dos recursos naturais na Indonésia, incluindo a província de Maluku (Mardiatmoko et al., 2015).

As florestas não estão vazias. Existem vários direitos e interesses nas florestas e nas pessoas que vivem dentro e ao redor das florestas (Brown e Stolle, 2009). Para a comunidade, especialmente nas Molucas e na Papua, a floresta é vista como parte integrante das suas vidas. Para os povos indígenas, a floresta é fonte de alimento (plantas e animais) e fonte de remédios, local para agricultura/cultivo de campo não irrigado e fonte de madeira para fogo e construção etc. deles Recursos florestais. As pessoas pobres, que muitas vezes dependem de recursos de propriedade comum, dependem particularmente das florestas como fonte de alimento. Muitas pessoas seguem uma dieta relativamente variada. O consumo de carne pode ser muito elevado, levantando sérias preocupações sobre a sustentabilidade das populações de vida selvagem em muitos locais. As florestas também fornecem bens que são indiretamente importantes para o fornecimento e preparação de alimentos, tais como caules, ração para gado e combustível. Portanto, os recursos florestais são cruciais para a subsistência nas zonas rurais e para as empresas locais que dependem da madeira e de outros produtos florestais (Colfer et al., 2006). A paisagem florestal também serve para manter o abastecimento de água doce, estabilizar o solo e o permafrost e fornecer habitats variados para a vida selvagem. A gestão florestal eficaz também pode garantir um fornecimento seguro de produtos florestais que possam satisfazer as necessidades da população crescente (Badarch et al., 2011) . As florestas também desempenham um papel crucial no ciclo da água. Influenciam a quantidade de água disponível e regulam os fluxos de águas superficiais e subterrâneas, mantendo ao mesmo tempo uma elevada qualidade da água (FAO, 2013) . O mais recente programa para reduzir as emissões de gases com efeito de estufa é o REDD+ (Redução de Emissões por Desflorestação e Degradação Florestal-Plus). Este programa centra-se na redução das emissões de gases com efeito de estufa, prevenindo a desflorestação e a degradação dos solos e das florestas, e tem o potencial de atrair fontes externas de financiamento através de um sistema de comércio de emissões . As áreas protegidas são essenciais para a conservação da diversidade biológica, mas só podem ser eficazes se a gestão das áreas envolventes também for tida em conta (Khan e Bhagwat, 2010). A degradação das áreas florestais, incluindo as reservas florestais na Indonésia e especialmente nas Molucas e na Papua, deve-se à pobreza das comunidades locais que vivem nas áreas circundantes às áreas florestais protegidas. Tendem a destruir florestas e prestam pouca atenção à protecção das florestas. Neste caso, surgem conflitos florestais entre a comunidade local e o governo. As reservas florestais são muito frágeis e correm o risco de desastres naturais, especialmente nas pequenas ilhas. A gestão dos recursos naturais nas pequenas ilhas deve receber toda a atenção e ser devidamente implementada. Portanto, a investigação florestal é necessária para as comunidades locais em áreas florestais, especialmente nas Molucas e na Papua, no leste da Indonésia (Mardiatmoko et al., 2014).

Os países que fazem fronteira com o Pólo Norte, como o Canadá e os países do Norte da Europa, que são países industrializados, são obcecados pela beleza das suas paisagens culturais. Isto levou ao estabelecimento de um grande número de reservas naturais para o benefício da população destes países. O conceito de criação de reservas naturais espalhou-se pelas partes do sul do mundo, particularmente pelas zonas tropicais, incluindo a Indonésia (TH 2016). A Indonésia possui recursos florestais naturais e seus ecossistemas com alto nível de diversidade, singularidade, originalidade e beleza, que representam recursos naturais de muito potencial. Portanto, é necessário desenvolvê-los e utilizá-los em benefício das pessoas através da proteção, conservação e uso de áreas de vida selvagem e reservas naturais, que constituem um ecossistema com flora e fauna diversificadas, que são fontes de germoplasma na terra e na água e principalmente como os buffers de vida e outras funções funcionam. A protecção das florestas é muito importante, especialmente para fins de conservação da natureza. Segundo o CED (2012), uma reserva natural é uma área de terreno protegida e gerida para preservar um tipo de habitat e a sua flora e fauna, muitas vezes raras ou ameaçadas de extinção. Na verdade, o esforço para gerir bem uma reserva natural localmente não é fácil e muitas vezes leva a conflitos entre comunidades locais ou entre pessoas e animais ou outros conflitos de interesses na gestão de uma reserva natural.

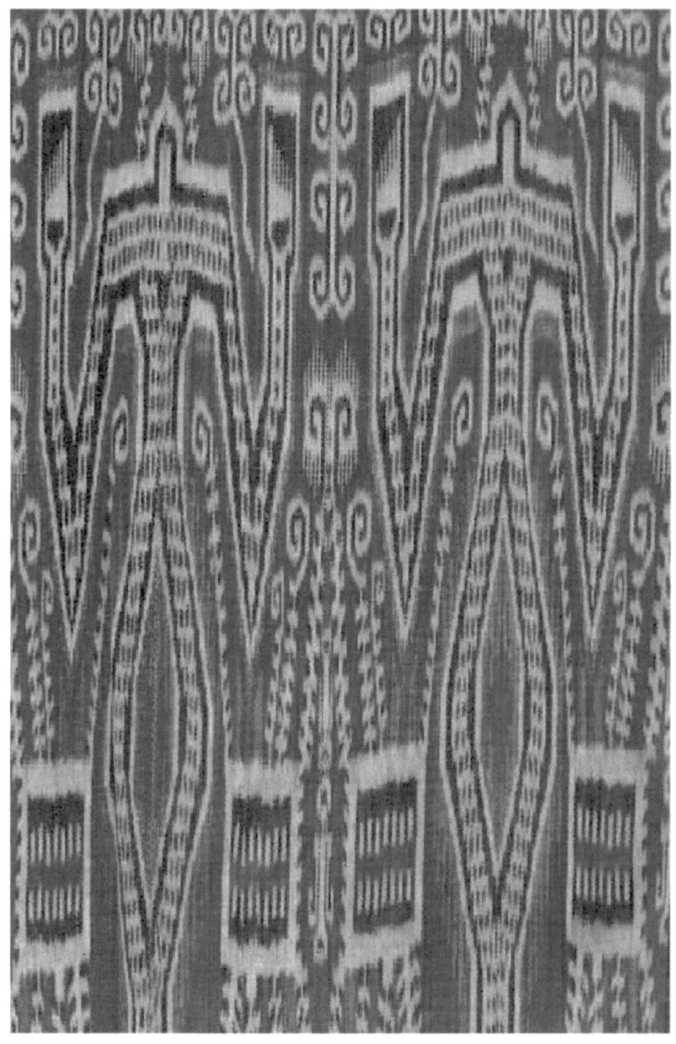

Manejo florestal na Indonésia

Na década de 1970, a Indonésia era o maior exportador mundial de madeira tropical, exportando cerca de 300 milhões de metros cúbicos para os mercados internacionais. O governo concedeu mais de 60 milhões de hectares de florestas a empresas madeireiras há mais de 30 anos. A política de exploração da nova ordem levou a conflitos persistentes e intermináveis sobre a gestão e utilização dos recursos florestais entre as comunidades locais, os concessionários, as comunidades locais e os migrantes, as comunidades locais e o governo. O conflito levou ao colapso da República Unitária da Indonésia (NKRI).

Com base na história da gestão florestal desde 1998 até ao presente, 1998 foi um ano de importantes mudanças políticas na Indonésia. Após 32 anos no poder, o regime da Nova Ordem terminou sob a liderança do General Suharto, que renunciou e uma série de distúrbios (1998–2004) dos presidentes Habibie, Abdurrahman Wahid, Megawati e Susilo Bambang Yudhoyono (2004–2009; 2009 –2014).) substituído. O novo governo é chamado de Ordem da Reforma. As mudanças na situação política foram acompanhadas por uma maior procura pública pelos benefícios das florestas, caracterizada por uma crescente invasão das áreas florestais. Conflitos como a sobreposição de reivindicações de recursos florestais entre comunidades e governos locais ou empresas florestais ocorrem frequentemente em quase todas as províncias da Indonésia. A Ordem da Reforma procura ordenar a vida da nação através de reformas da constituição, da legislação, da burocracia e da democracia. Como resultado da legislação de reforma, muitas leis e regulamentos da Nova Ordem foram substituídos e adaptados ao espírito da reforma. Por exemplo, a Lei n.º 5 de 1967 sobre disposições básicas de silvicultura foi revogada e substituída pela Lei n.º 41 de 1999 sobre silvicultura (Direito do Trabalho). Durante a era inicial da autonomia regional, a taxa de destruição florestal aumentou de 1,87 milhões de hectares para 2,83 milhões de hectares. Os distritos/cidades do governo local tiveram maiores oportunidades para gerir as florestas na região. Em algumas áreas, houve uma explosão na emissão de concessões de pequena escala, levando ao aumento das taxas de destruição florestal (Zulkifli , 2013).

Manejo florestal na província das Molucas

Desde cerca de 1970, a Indonésia, incluindo a província das Molucas, é conhecida como exportadora de toras. A existência da política de exportação de toros incentivou a silvicultura intensiva nas Molucas, por exemplo em Buru, Seram , Halmahera , Mangole - Taliabu , Yamdena , etc. De acordo com a Forest Legality Alliance (2016), a proibição de exportação de toros foi promulgada pela primeira vez em maio de 1980. e foi totalmente implementado em 1985. Ao mesmo tempo que a proibição da exportação de toras, algumas fábricas de compensado também foram abertas na Indonésia. Em 16 de Janeiro de 1985, o Presidente Soeharto abriu dez fábricas de contraplacado em Batu Gong Ambon, capital da província das Molucas, marcando a cessação das exportações de toros do país e direccionando a produção de toros para a indústria de contraplacado que a tinha estabelecido. Além disso, o presidente Soeharto abriu pela segunda vez 19 fábricas de compensado em Sumatra do Norte, Riau, Jambi, Java Ocidental, Kalimantan do Sul, Kalimantan Oriental, Kalimantan Ocidental e Molucas em Falabisahaya na Ilha Mangole , Molucas (Sjamsuddin , 2003). Isto levou muitas empresas que possuem concessões florestais nas Molucas a fornecer madeira como matéria-prima para a indústria de contraplacado nas Molucas, como as do Grupo Jati , Grupo Djajanti , Grupo Barito Pacific Timber e também Grupo Gema Sanubari . Muitas concessões florestais nas Molucas resultaram em numerosos conflitos, incluindo conflitos entre concessionários florestais e povos indígenas na Ilha Yamdena .

É importante perceber que o arquipélago das Molucas, com aproximadamente 1.027 ilhas, é muito diferente de outras áreas da Indonésia devido à sua diversidade geobiofísica, social, económica e cultural. Desde a independência da Indonésia, as políticas de desenvolvimento centralizadas na região das Molucas causaram muitos problemas que ameaçaram o ecossistema do arquipélago e levaram a desastres ambientais e dificuldades sociais e económicas nas comunidades (Monk et al., 1997). Os muitos problemas da silvicultura sustentável nas Molucas estão interligados. O principal problema diz respeito essencialmente à falta de sincronicidade entre as abordagens ao desenvolvimento sectorial e ao desenvolvimento regional, particularmente no sector florestal (Anónimo, 1991 e 1992). A implementação do conceito sectorial não foi adaptada às condições ecológicas, económicas e socioculturais das comunidades do arquipélago. A área terrestre do Arquipélago das Maluku é de 7,9 milhões de hectares, dos quais 6,5 milhões de hectares são áreas florestais e 1,4 milhões de hectares são áreas não florestais (Kastanya , 2002, Kant e Berry, 2005). O desmatamento ocorre a uma taxa de 2,9 a 3,5% ao ano. A falta de equilíbrio entre o potencial dos recursos florestais e os benefícios económicos da floresta reflecte-se no número de concessões madeireiras com uma área total de 3,4 milhões de hectares e na indústria de painéis de madeira com uma capacidade de entrada de 3,3 milhões de m³ · enquanto a capacidade de produção dos direitos de concessão florestal (RFC) é de apenas 1,3 milhão de m³ ou 61% da matéria-prima · Os benefícios económicos dos recursos florestais são desproporcionais à capacidade de produção de madeira, para não mencionar a exploração madeireira ilegal e desenfreada e o cultivo itinerante que as comunidades locais realizam todos os anos (Kastanya , 2002).

CAPÍTULO 3

ESTADO GERAL DA ILHA YAMDENA

Localização geográfica

Yamdena é a ilha principal das Ilhas Tanimbar e é cercada por várias pequenas ilhas como Selaru , Sera, Selu , Wotar , Wuliaru , Labobar etc. A Ilha Yamdena está localizada entre 07 ° 06'13"-08°02'08" S e 131 ° 03'39"-131°45'09" E e tem geograficamente os seguintes limites territoriais: ao norte o Mar das Flores, a leste o Mar de Arafura, ao sul a Região Australiana e a oeste o Mar de Banda . Existe uma montanha na região chamada Monte Maloli com uma altura de pico de cerca de 947 m. Com uma área de cerca de 325.725 ha, a Ilha Yamdena é a maior ilha do distrito de Maluku Tenggara Barat (MTB) na província de Maluku. A ilha consiste em cinco subdistritos, nomeadamente Subdistrito de Vertamrian , Subdistrito de Wermaktian ,

o subdistrito de Nirunmas , o subdistrito de Kormomolin e o subdistrito de South Tanimbar. De acordo com uma análise de cobertura do solo (PT . Kurnia Sylva Consultindo , 2009), da área de 325.725 ha da Ilha Yamdena , 99,23% estava coberta por floresta em 1998; Em 2008 já era de 70,15%. A taxa de danos florestais é, portanto, de 2,9% ao ano ou 9.473 ha/ano. Nas concessões florestais é de 3.089 ha/ano e fora das concessões florestais é de 6.384 ha/ano. O aumento da construção de estradas também levou ao aumento dos danos florestais. Mais estradas foram construídas na Ilha Yamdena , e a área rodoviária foi aumentada em uma média adicional de 46.858 m2/ano. Além disso, em 2009, o Ministério das Florestas concedeu uma concessão à empresa Karya Jaya Berdikari com uma área de 93.980 ha pelo Decreto nº 117/ Menhut -II/2009; a quantidade anual permitida de corte (AAC) é de 6.212 ha/ano e 91.098 m3 / ano (PT. Kurnia Sylva Consultindo , 2009). A concessão da licença de concessão gerou conflitos entre os povos indígenas e a madeireira. Muitas partes interessadas, como ONG locais, líderes religiosos e instituições internacionais, como a UE, o CIRAD francês e a Bird Life, estão preocupadas com a propagação da degradação florestal, que seria expressa por uma redução adicional na cobertura florestal se a empresa Karya Jaya Berdikari conseguisse um cobertura florestal de 6.212 ha/ano e 91.098 m3/ano . *Um mapa da localização da* Ilha Yamdena em Maluku é **mostrado na Figura 1** .

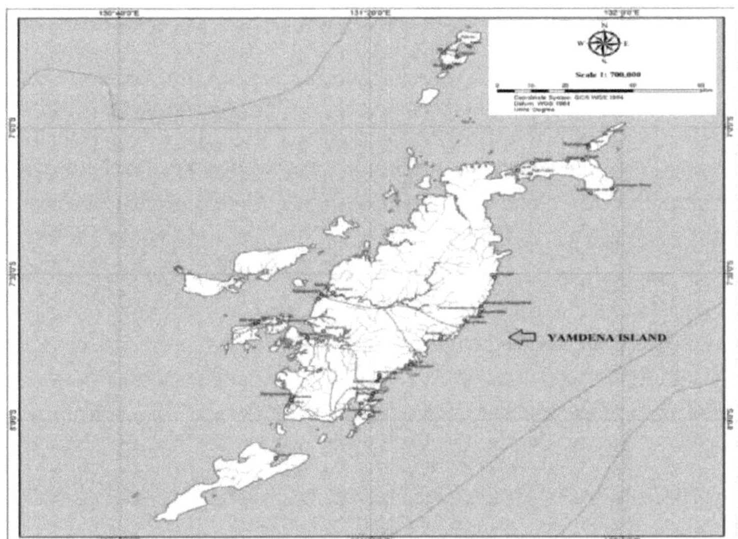

Figura 1. Ilha Yamdena

Circunstâncias socioculturais

Ilha Yamdena têm um sistema de parentesco, e a estrutura e o sistema comunitário são baseados em tradições que são transmitidas de geração em geração. O sistema de parentesco adotado é baseado na linha paterna e é denominado sistema patrilinear . Este sistema tornou-se a base da ordem de parentesco, das normas de casamento e do mecanismo de herança. O sistema social nas aldeias estudadas tinha algumas formas de contextos grupais ou unidades sociais e familiares conhecidas como agregados familiares, *marga* (clãs) e *soa* . (um grupo de *Marga*). A comunidade vive dentro das áreas do direito tradicional, que estão intimamente ligadas aos direitos ulayat (ou consuetudinários) de uma aldeia. Algumas características comuns do *Ulayat* -Os direitos são: (1) a existência de uma relação entre os povos indígenas e suas terras ou meio ambiente como uma entidade inseparável; (2) a existência de oportunidades para residentes fora da unidade dos povos indígenas se beneficiarem da terra através do pagamento de uma compensação justa; (3) a existência de coletivos que podem ser utilizados por todos os moradores da respectiva comunidade indígena, restringindo a liberdade de governo individual. O *Ulayat* - Direito de um *Negro* (aldeia tradicional, é o nível mais baixo de governo na província de Moluku) no continente não afecta apenas a terra, mas também inclui as florestas, os rios e toda a sua produção. Portanto, a floresta deve ser utilizada tanto quanto possível para o benefício das pessoas. O controle da terra e das florestas tradicionais pelos *Ulayat* -Os direitos não são apenas uma questão de controlo, mas a sua utilização também deve ser feita de forma ordenada, uma vez que a terra, as florestas, o mar e tudo o que contêm são um "armazém" comunitário e a principal fonte de rendimento comunitário. O *Saniri* -A agência é a detentora e implementadora dos direitos soberanos e a instituição tradicional que decide sobre as formas de utilização e gestão dos recursos naturais, incluindo as florestas, pertencentes a uma aldeia ou a uma "terra" tradicional (ver **Figura 2**). Existem também forças indígenas (ver **Figura 3**) .

Figura Vestuário 2 Ilha Yamdena

Figura 3. As forças locais

A determinação dos limites da aldeia baseia-se em diversas fontes, nomeadamente o mapa base, dados da monografia da aldeia e informações de funcionários do governo estadual e guias alfandegários. Os limites da aldeia são geralmente marcados na forma de limites naturais, tais como rios, montanhas, mar e outros marcadores naturais (Lokollo , 2006). Os resultados do estudo realizado mostraram que as instituições consuetudinárias na ilha de Yamdena são muito diferentes e variam desde fracamente vinculativas (por exemplo, exploração ilegal de lenha) até muito fortemente vinculativas (por exemplo, desflorestação ilegal). Se as tradições forem violadas, a comunidade enfrenta sanções muito rigorosas.

A compilação de regras ou regulamentos de direito consuetudinário é um sistema de controle social e um aspecto normativo da coexistência. As regras são um modo de vida para a comunidade da Ilha Yamdena no âmbito da coexistência e gestão das florestas e do seu ambiente. Algumas regras contêm sanções, outras não. Estes últimos são tradições ou hábitos (hábitos que são transmitidos de geração em geração e se estabelecem na vida cotidiana). A violação de uma tradição, mesmo que não haja sanções, causará forte oposição, uma vez que esta tradição é um reflexo da personalidade e a personificação do seu espírito de geração em geração. Por outro lado, as regras que contêm sanções são de direito consuetudinário.

Qualquer violação do direito consuetudinário será punida de acordo com o direito consuetudinário local. Na prática, não é fácil para os estudiosos distinguir entre o direito tradicional e o direito consuetudinário e, na sociedade moderna, o regime tradicional é agora geralmente referido como direito. A vida comunitária nas aldeias estudadas (com base nos resultados de entrevistas, observação participante e FGD) incluía um conjunto de leis ou tradições consuetudinárias que regiam as relações das comunidades entre si e entre a comunidade e o seu entorno. O direito ou tradição consuetudinária é uma expressão da sabedoria da comunidade em manter a bondade e a harmonia com o seu ambiente natural. A comunidade também estava interessada e responsável por promover e desenvolver normas para as relações vivas entre as pessoas. A comunidade Yamdena tem uma cultura distinta que consiste na tecelagem de tecidos e na confecção de esculturas (ver **Figuras 4 e 5**). Existem também roupas femininas tradicionais e danças típicas da Ilha Yamdena (ver **Figuras 6 e 7**).

Figura 4. Uma cultura especial de tecelagem de tecidos .

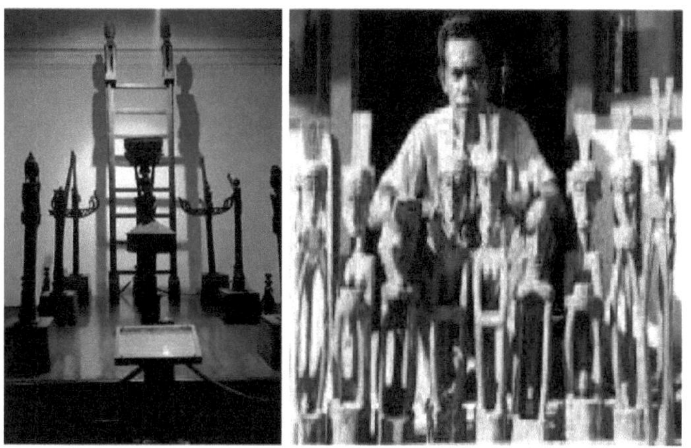

Figura 5. Uma cultura distinta de escultura.

Fonte:
www.%oo%le.co.id/search?q=vamdena+escultura,+molucas, + figur&bvw =1024&bih=528&tbm=
isch&imgil =h34vqk 6Ah pedia.org%25252Fwiki% 25252FTanimbar ilhas &source = iu&pf = m&fir
=h34vqk6Ah pgrM % 253A%252C5GN7KN9JwcAzM%252C&usg=
iRkiLYjnnVpm86GwKDuB8vTeCw%3D&ved=0ahUKEwin66zazpPOAhUJO48KHfkxAi4OvjcIKA&ei
=ttweWKe4DI mGvOT544pwAg#imgrc=h34vqk6Ah pgrM%3A

Figura 6: Vestuário tradicional feminino da ilha de Yamdena

Figura 7: Danças típicas da ilha de Yamdena .

Fonte:
www.%oo%le.co.id/search?q=vamdena+escultura,+molucas, + figura&biw =1024&bih=528&tbm=
isch&imgil =1FhGd
4BlEpoB0M%o253A%o253B08f2nOgG0FvMAM%o253Bhttp%o25253A%o25252F%o252. 52F
www.indonesiatravelingguide . com%25252Fmaluku-national-parks%25252Fwetar-island

Ilha Yamdena

O local de pesquisa foi selecionado após revisão dos resultados de pesquisas anteriores e, em seguida, determinou quatro aldeias através de amostragem proposital, nomeadamente Wermatang (no subdistrito de Wermaktian), Tumbur e Lorulung (no subdistrito de Wertamrian) e Lermatang (no subdistrito de South Tanimbar). As bases para a determinação do local de investigação foram: (1) houve um conflito relativo aos recursos florestais na aldeia; (2) 80% da área da aldeia encontra-se numa área de produção florestal onde ocorre a exploração madeireira; (3) Estão disponíveis dados que apoiam a investigação. A pesquisa foi realizada no período de junho de 2010 a fevereiro de 2012. Esta pesquisa é qualitativa e utiliza o método de estudo de caso. A abordagem de estudo de caso utilizada é flexível e pode ser alterada a qualquer momento de acordo com a evolução dos fatos empíricos observados. Os métodos de recolha de dados utilizados consistiram em: (1) entrevistas semiestruturadas triplas com oito entrevistados do pessoal-chave e da administração da aldeia.

O tema das entrevistas é a história da silvicultura, as atividades florestais da população indígena, a propriedade dos recursos florestais e dos recursos de conflito na silvicultura e a resolução de conflitos através de uma abordagem de valores tradicionais; (2) Observar os participantes para monitorar as atividades dos povos indígenas e das instituições tradicionais diretamente relacionadas à silvicultura.

O próximo passo é coordenar com o governo da aldeia a selecção de cinco agregados familiares; (3) Discussão em grupo focal (FGD). O FGD foi realizado no escritório da aldeia, cada aldeia tem uma vez e cada grupo de discussão é composto por cinco pessoas. Os temas de discussão estão intimamente relacionados com algumas questões provenientes dos resultados da entrevista e da observação participante. Foram realizadas entrevistas semiestruturadas com informantes-chave para coleta de dados qualitativos por meio da técnica bola de neve. Os participantes foram incluídos com base na sua percepção de estarem bem informados e os líderes comunitários foram incluídos para se identificarem a si próprios e a outras pessoas para a entrevista (Chevalier, 2001). A análise histórica foi utilizada para analisar desde as origens da aldeia amostral até as mudanças ambientais resultantes das atividades de manejo dos recursos florestais pela empresa florestal e pelas comunidades locais. A análise de relacionamento causal é usada para explicar um fenômeno criando uma série recíproca ligada ao fenômeno. A análise de avaliação subjectiva é utilizada para compreender a perspectiva do sujeito na avaliação do desempenho das instituições tradicionais nas aldeias da amostra pós-conflito. Os dados coletados em entrevistas, observações e FGD serão separados com base nos objetivos da pesquisa. A próxima etapa é criar categorias com base em seus alvos de dados e, em seguida, procurar as relações dos alvos de dados entre si para obter interpretações e conclusões de pesquisa.

CAPÍTULO 4

MANEJO FLORESTAL NA ILHA YAMDENA

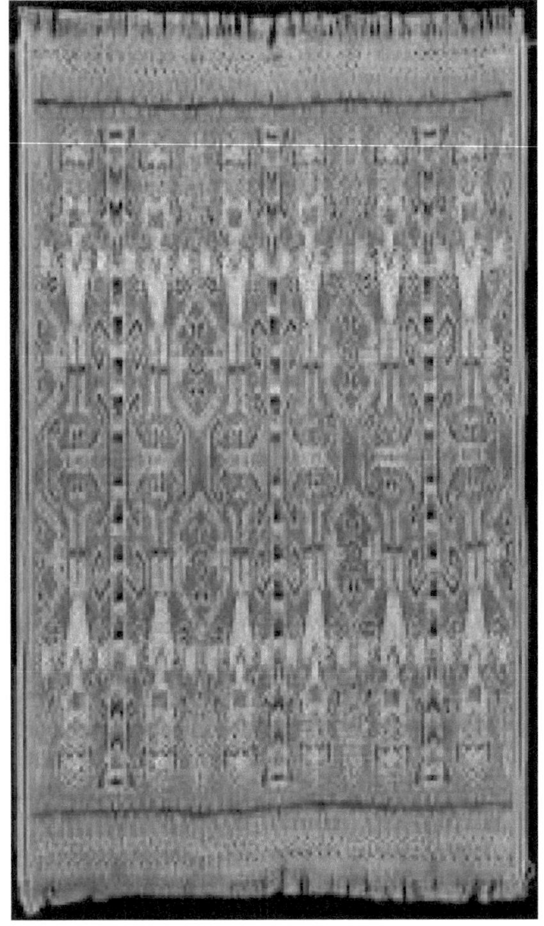

Manejo florestal e tradição comunitária em relação aos recursos florestais na região de estudo

Com base em observações em todas as quatro aldeias da amostra, os principais sistemas tradicionais de conservação florestal no local de estudo estão divididos em dois grupos: *Sasi* e *Pamali* . A gestão de terras tradicionais *(Petunan)* baseia-se no princípio de comer juntos. A terra não é propriedade de indivíduos, mas os direitos de cultivo podem ser transmitidos à próxima geração. Dentro do *Petuanan, o sistema tradicional de gestão de recursos naturais é como Sasi* conhecido. (Laumonier et al., 2008). *Sasi* são regras que devem ser seguidas por todos os moradores da comunidade. Geralmente, existem dois tipos de sistemas Sasi que são comumente implementados, nomeadamente *Sasi terrestre* e igreja *Sasi* . A cerimônia tradicional do país - *Sasi* é realizado pelos anciãos da aldeia que se comunicam ou falam com os espíritos dos ancestrais. A implementação do *Sasi* começou com a cerimônia de encerramento do *Sasi* , o que indica a existência de uma regulamentação que proíbe a comunidade de fazer a colheita na região tradicional. Além disso, em determinados momentos após 4 a 6 meses, o *Sasi aberto* A cerimônia foi realizada novamente para significar que a comunidade estava agora autorizada a fazer colheitas na área. Hoje o país é *Sasi* raro, mas ainda existem muitos *sasi de igreja* realizados, que começam com uma oração na igreja.

Um lugar sagrado *(pamali)* é um lugar com poderes sobrenaturais ou mágicos. A floresta de Olyali , Watifira , Abatiubu , Aryatu e o rio Falosa foram declarados locais sagrados pelos povos indígenas. Portanto, nenhuma derrubada, caça ou outros produtos florestais podem ser praticados nessas áreas florestais, preservando assim essas florestas. Para a comunidade da Ilha Yamdena , a floresta é parte integrante das suas vidas. Para os indígenas, a floresta é fonte de alimento (plantas e animais), fonte de remédios, local de lavoura/cultivo de campos não irrigados e fonte de madeira para fogo e construção etc. sobre seus recursos florestais. As pessoas pobres, que muitas vezes dependem da propriedade comum, são particularmente dependentes das florestas para a sua alimentação. Muitas pessoas seguem uma dieta bastante variada. O consumo de carne pode ser muito elevado, levantando sérias preocupações sobre a sustentabilidade das populações de vida selvagem em muitos locais. As florestas também fornecem bens indiretamente importantes para o fornecimento e preparação de alimentos, tais como caules, ração para gado e combustível. Portanto, os recursos florestais são cruciais para a subsistência das populações rurais e para as empresas locais que dependem da madeira e de outros produtos florestais (Colfer et al., 2006). Além disso, a paisagem florestal serve para manter o abastecimento de água doce, estabiliza o solo e o permafrost e fornece diversos habitats para a vida selvagem. Se forem geridas de forma eficaz, as florestas também podem garantir um fornecimento seguro de produtos florestais que possam satisfazer as necessidades do crescimento populacional (Badarch et al., 2011). As florestas desempenham um papel importante nos meios de subsistência, fornecendo alimentos básicos e complementares, madeira, lenha, alimentação para o gado, camas, factores de produção agrícolas, medicamentos e produtos florestais comerciais que geram rendimentos monetários. A contribuição da floresta para a segurança alimentar é ainda mais significativa, pois fornece não apenas os alimentos básicos que ajudam a superar a escassez de alimentos, mas também uma série de elementos nutricionais através de alimentos suplementares (Maharjan e Khatri Chetri , 2006). Além disso, a floresta desempenha um papel crucial no ciclo da água. Influenciam a quantidade de água disponível e regulam os fluxos de águas superficiais e subterrâneas, mantendo ao mesmo tempo uma elevada qualidade da água (FAO, 2013).

Com base nas observações do Fórum e do FGD, a dependência da comunidade dos seus recursos florestais na Ilha Yamdena pode ser descrita da seguinte forma:

- **A floresta como recurso alimentar:**
  A história da civilização humana é muito antiga e já passou por um processo de mudanças sociais e culturais ao longo dos milênios. Neste processo de mudança, a civilização que consegue se defender sobreviveu até hoje. Se olharmos para o desenvolvimento da autodefesa no ser humano, antes de se tornar agricultor, o ser humano primeiro procurou os alimentos que a natureza já fornecia em seu ambiente. Naquela época, as pessoas tendiam a coletar alimentos nas florestas vizinhas. Isto prova que as pessoas/sociedade gradualmente se separaram do seu modo de vida milenar como caçadores e coletores. Embora estas mudanças tenham ocorrido durante um longo período de tempo, isso não significa que todas as pessoas tenham passado por uma transformação social abrangente. Para a comunidade da Ilha de Yamdena , que ainda vive num ecossistema florestal, com todos os constrangimentos de transformação, comunicação, comércio e tecnologia, a procura de alimentos, medicamentos e outros produtos florestais (caça e recolha) ainda faz parte da sua vida.

- **Cultivo itinerante:**
  A agricultura itinerante é o sistema agrícola mais antigo dos trópicos. Para a comunidade da Ilha Yamdena , a agricultura itinerante é uma herança antiga e fácil de implementar, pois utiliza tecnologias simples, como machados, fogo e escavadoras/brocas (alguns ainda usam enxadas e pés-de-cabra). As actividades agrícolas na comunidade começaram primeiro

por encontrar um local para os seus campos. Os agricultores devem cumprir os requisitos específicos, *Bapak Raja* (chefe da aldeia), *Tuan Tanah* (Regulador dos Direitos Terrestres Consuetudinários da Aldeia) e *Kewang* (Supervisor/Guarda Florestal da Gestão dos Recursos Naturais da Aldeia) . Depois de receberem a aprovação, os agricultores começam a procurar terras férteis e a plantar tubérculos, bananas, milho, feijão e vegetais, incluindo árvores multiusos .

- **A floresta como produtora de energia e madeira:**
Os povos indígenas sempre utilizaram a madeira da floresta dependendo da sua qualidade. Por exemplo, eles usam um tipo de madeira dura de longa duração para construir casas. Para cozinhar, utilizam lenha, que é a fonte de energia dos aldeões da Ilha Yamdena . A lenha não só é fácil de obter e está prontamente disponível, como também é gratuita. A madeira recolhida para lenha provém de árvores velhas, secas e caídas ou de galhos e galhos secos de madeira seca que caiu ao chão. Os povos indígenas têm consciência da importância das florestas e estão sempre trabalhando para preservar e preservar as florestas de suas terras.

para permanecer sustentável.

Yamdena, surgiram conflitos entre a madeireira e os povos indígenas. Dado que a existência de florestas traz benefícios e impactos para o país, todas as áreas florestais da Indonésia e todos os recursos que contêm são controlados pelo Estado. Portanto, o Artigo 4 da Lei Florestal No. 41/1999 (Lei da República da Indonésia, 1999) afirma que todas as florestas estão sob controle estatal para o máximo benefício da população. Como parte deste controlo, o Estado é obrigado a atribuir e manter certas áreas para protecção, conservação e utilização como zonas florestais permanentes. O governo, no âmbito das leis e regulamentos existentes, concedeu concessões a empresas florestais privadas e estatais para gerirem e beneficiarem das florestas de produção, principalmente através da extracção de madeira. O governo também emitiu regras que regem a gestão florestal, e as plantações e colheitas de madeira nas florestas de produção são geridas pelos concessionários. As comunidades que vivem nos limites das áreas florestais e dentro delas têm o direito de usar madeira e outros produtos florestais para as necessidades diárias e para a subsistência. Estes direitos são considerados marginais em comparação com os dos concessionários, uma vez que as comunidades apenas obtêm o seu sustento da floresta, enquanto os concessionários obtêm maiores benefícios da floresta. Legalmente falando, uma comunidade só receberia benefícios semelhantes se criasse uma cooperativa adequada para gerir uma concessão florestal. Infelizmente, a maioria das comunidades não tem capital para demonstrar a sua adequação e satisfazer os requisitos para operadores florestais competentes. Portanto, os conflitos entre as comunidades, o governo e os concessionários na zona de produção florestal começam sempre que as comunidades são proibidas de cortar madeira para fins comerciais e acreditam que o uso da terra é uma herança dos seus antepassados (Santoso, 2008). Os conflitos entre comunidades, governo e concessionários florestais ocorrem não apenas nas grandes ilhas da Indonésia, como Sumatra, Java, Kalimantan e Papua, mas também nas pequenas ilhas das Molucas, incluindo a ilha de Yamdena . O uso de florestas em

Yamdena foi inaugurada em 1991 pelas concessionárias, Alam Nusa Segar Company, com o Decreto do Ministro das Florestas nº 215/ Kpts -II/1991 com uma área de 164.000 ha. Além disso, foi acrescentado ao Decreto do Ministro das Florestas n.º 1107/ Kpts -II/1992 em PT. Yamdená Hutano Renomeado Lestari com área de 160.725 ha. Como esta empresa madeireira estava envolvida na superexploração e havia conflitos contínuos com os povos indígenas, o Ministro das Florestas revogou a concessão florestal com o decreto revogatório nº 200/ Menhut II/2007 em 16 de maio de 2007. Durante o desmatamento, ocorreram desmatamentos leves a graves conflitos entre os povos indígenas apoiados por organizações não-governamentais, organizações de massa, instituições religiosas e estudiosos Tanimbar , e a empresa madeireira apoiada pelo governo e pela polícia militar indonésia. Além disso, ocorreram atividades madeireiras ilegais dentro e fora da área de concessão florestal. A insatisfação dos povos indígenas com a gestão florestal também foi indirectamente dirigida ao governo ou ao ministro florestal quando estes definiram a política de concessão. Em alguns casos, os conflitos entre os povos indígenas e a madeireira sempre seguiram regras ou diretrizes governamentais. Mas as comunidades não foram suficientemente corajosas para resistir ao governo central, especialmente antes da era da descentralização, e nem sequer resistiram abertamente aos empregadores. Após a queda do Presidente Suharto e o início do período da Reforma, os esforços reais da comunidade para resistir às empresas madeireiras foram mais abertos e ousados, e foram por vezes acompanhados por acções anarquistas. Além da destruição da floresta, o desmatamento também levou a uma mudança nos valores locais em relação ao manejo florestal em algumas áreas, onde as pessoas já passaram do uso de motosserra para o desmatamento com picador. Isto pode ser entendido como significando que a comunidade tradicional tende a ser dinâmica; As mudanças ocorrem de tempos em tempos como um processo de adaptação em linha com o desenvolvimento. Isto levou indirectamente a uma maior prevalência da exploração madeireira ilegal, tanto dentro como fora da área de concessão florestal. No caso dos madeireiros ilegais, deve-se esclarecer se pertencem a povos indígenas/comunidades tradicionais, comunidades locais ou comunidades recém-chegadas (Santoso, 2008) . Com o envolvimento das empresas madeireiras e a exploração da floresta na maioria das áreas tradicionais, o conflito entre as empresas madeireiras e os povos indígenas se intensificou. Os conflitos relacionados com as florestas na ilha de Yamdena mostram semelhanças com os resultados do estudo no sudeste dos Camarões. Mais importante ainda, o acesso local à floresta foi severamente restringido e os direitos consuetudinários restringidos como resultado do plano nacional de zoneamento florestal. Em ambos os casos, o acesso limitado da população local à floresta pode gerar conflitos (Samndong , 2012). O conflito baseia-se em diferentes pontos de vista sobre qual é a situação certa e qual o utilizador dos recursos que deve ter prioridade. O conflito materializa-se inicialmente em divergências entre as comunidades e a empresa madeireira sobre o acesso aos recursos florestais. O Estado parece reconhecer claramente que a exploração madeireira e os usos tradicionais são incompatíveis. Como dá prioridade à exploração madeireira, ele deixa para as madeireiras a resolução dos conflitos locais. Isto leva à confusão: as comunidades locais são excluídas, pelo menos na prática, da questão fundamental – a definição dos seus direitos à subsistência na floresta. As comunidades locais parecem, portanto, estar "presas" entre a empresa e as agências governamentais. Você não pode atacar a empresa por defeitos na lei ou pelas concessões que ela adquiriu legalmente sob essa lei. **A Tabela 1** lista os factores que levaram ao conflito em algumas aldeias da Ilha Yamdena.

Quadro 1 Causas do conflito entre a concessão florestal e a população indígena da ilha de Yamdena

Village name	Year	Background of conflict between the forest concession and indigenous people		
		Logging company	Deal	Source/cause factors
Tumbur	1991-1992	PT. Nusa Alam Segar/PT. Yamdena Hutani Lestari, business license in the petuanan area of Tumbur village	Entering the customary land to take the timber with the following requirements: Selective logging; Replanting; Construct facilities and infrastructure; Appropriate compensation.	Logging company did not execute a deal in accordance with the agreement made in custom; Recruitment of workforce only in one village; Distribution of tribute to the village is not equal in amount; Construction of facilities and infrastructure is different in each village; Timber logging enters the petuanan of other villages; Social resentment of placement of the workforce.
Ilngei	1991-1992	PT. Alam Nusa Segar/PT. Yamdena Hutani Lestari	Logging company enters the customary land to take the timber without agreement with indigenous peoples.	Logging enters the customary land of Ilngei village without prior consultation.
Marantutul	1991-1992	PT. Alam Nusa Segar/PT. Yamdena Hutani Lestari	Logging company enters the customary land to take the timber to the terms: Only pay the timber compensation to soa of the petuanan owner; Made only by head of village.	Logging is done only to the soa of the petuanan owner while other soa not; Pay compensation based on size of trees used only; Deal is performed with the village just to pay retribution.
Lorulung	1995-1999	PT. AlamNusa Segar/PT. Yamdena Hutani Lestari, concession license in the customary land of Lorulung village and community empowerment around the forest of villages Lorulung	The logging company takes the timber with the following requirements: Agreements made with the community; Companies should fulfill the community rights with assistance of facilities and infrastructure (roads, assistance of construction material teak seedlings).	Logging is done only on soa of the petuanan owner; Pay compensation based on size of trees used only; The company liability to empower the community not in accordance with the agreement.
Wermatang	2009-2010	PT. Karya Jaya Berdikari, concession licenses at the petuanan of Wermatang village	The logging company takes the timber with the following requirements: The agreement must be done with the village community; Companies must fulfills the community rights.	Make agreement not involving soa Uduk as the petuanan owner and other soa only by head of village only.

Embora a presença dos povos indígenas e das suas terras ancestrais tenha sido reconhecida pelo governo, conforme estabelecido na Lei Florestal n.º 41/1999 e no Regulamento do Ministro da Agricultura n.º 5/1999, isto não foi bem coordenado no terreno. Como resultado, o conflito florestal na Ilha Yamdena continua e parece difícil de acabar. Isto requer uma atenção séria por parte do governo, uma vez que os direitos dos povos indígenas foram reconhecidos no Artigo 17 da Declaração das Nações Unidas sobre os Direitos dos Povos Indígenas (Nações Unidas, 2008): "Os indivíduos e os povos indígenas têm o direito de desfrutar de todos os direitos em de acordo com o gozo pleno da legislação trabalhista internacional e nacional aplicável." O Artigo 26 também afirma: "Os povos indígenas têm direito às terras, territórios e recursos que tradicionalmente possuíram, habitaram ou de outra forma usaram ou adquiriram; Os povos indígenas têm o direito de possuir, usar, desenvolver e controlar as terras, territórios e recursos que possuem através da ocupação ou uso tradicional, bem como aqueles adquiridos em outros lugares." parecem ter encontrado um obstáculo porque não conseguem cumprir as suas tarefas e prosseguir . Pode-se imaginar que a vida destas pessoas muitas vezes parece incorporar o paradoxo de Zenão.

As conclusões do FGD revelaram porque é que os povos indígenas rejeitam a presença de empresas madeireiras nas suas terras tradicionais. (1) A comunidade considera uma violação da sua cultura que os empregadores retenham e utilizem os recursos e habitat da comunidade com a aprovação do governo. (2) A presença da empresa madeireira limitou o espaço da comunidade e o acesso aos recursos florestais, resultando em diversas restrições às atividades comunitárias ao redor da floresta. (3) As actividades de utilização da floresta em si não trazem quaisquer benefícios positivos significativos para a comunidade; tudo o que resta são danos ao ambiente de vida. (4) A dominação e distribuição dos recursos florestais destruiu e tirou os direitos e o futuro dos povos indígenas. Como o conflito não pode ser resolvido por via diplomática, os indígenas da aldeia Arma começaram a desabafar atacando o acampamento base do PT em meados de 2012. Karya Jaya Berdikari pegou fogo. Como resultado, 36 aldeões de Arma foram presos pela polícia local. O incidente também encorajou a figura religiosa influente nas Maluku, o Bispo de Amboina, a pressionar o governo central, representado pelo Ministro das Florestas, para conceder a licença ao PT. Karya imediatamente retira Jaya Berdikari . Se não cumprir, exercerá pressão internacional para resolver o problema. Com base nos resultados do FGD, um padrão de conflito pode ser superado através da abordagem de valores tradicionais, envolvendo várias partes interessadas, como em

Quadro 2: Resolução do conflito florestal na ilha de Yamdena .

| Responsible person | | | |
Logging company	Village government	Sub-district government	District government
Preserving and maintaining the forest area	Making a village regulations on the utilization of forest product	Assisting to coordinate the resolution of land conflicts and the customary land (petuanan)	Assisting the reinforcement program of indigenous peoples
Replanting the vacant land	Regulating the forest conservation with the cultivation plant	Making customary meeting between the village forum	Making regulations for indigenous peoples and customary rights
Obeying the customary and government regulations on the forest management	Prohibit logging by creating the rules of village	Performs coaching to villages the causes of conflict	Assisting the community empowerment program through the increase of social forestry program
Stop the large-scale logging but beginning focus on the ecosystem restoration	Upholding the customary institutions in the forest management	Arranging resolution of land conflicts between villages	Providing extension to the community in the conflict villages
Logging for the families needs	Monitoring and applying sanctions in the forest management	Assisting the resolution of land conflicts between citizens	Making the Maluku Tenggara Barat customary regulation and its socialization

Ilha Yamdena

De acordo com a política florestal apresentada, as aldeias vizinhas ou aquelas nas áreas florestais exploradas pela empresa madeireira foram instruídas a implementar programas florestais sociais, tais como florestas de aldeia, florestas comunitárias, etc. Sendo um activo da aldeia, o desenvolvimento de florestas de aldeia ou florestas comunitárias requer certos pré-requisitos, tais como: (1) segurança a longo prazo da área cultivada. Isto está relacionado com a legalidade da terra e o acesso da comunidade a áreas com estatuto de floresta estatal e outras áreas com outro estatuto e outras funções fundiárias; (2) a presença de uma Instituição Comunitária de Empreendimento Florestal (CFVI); (3) A Garantia de Empreendimento Florestal Comunitário está relacionada com o esquema económico de desenvolvimento florestal da aldeia; (4) capacidade de recursos humanos e (5) mecanismos para resolver disputas fundiárias e sociais para assegurar e proteger os direitos de gestão e CFVI. Portanto, a região florestal da aldeia na Ilha de Yamdena pode ser gerida da seguinte forma: (1) gestão e utilização da produção florestal de madeira em pequena escala adaptada à natureza e características das florestas e às condições biofísicas da região; (2) gestão e utilização de serviços florestais; especialmente o ecoturismo , (3) Biodiversidade e comércio de emissões . Além disso, a empresa madeireira não está mais focada na extração de madeira, mas sim na restauração de ecossistemas . Essencialmente, a empresa madeireira não explora a floresta diretamente desde o início, mas antes melhora-a plantando primeiro pousios e plantações e protegendo a flora e a fauna que estão ameaçadas em vários locais da floresta destruída, envolvendo a população local. Estas actividades são designadas por restauração de ecossistemas, cuja autorização para a sua realização é regulamentada pelo Regulamento Governamental n.º 6 de 2007. Só depois de a empresa madeireira ter assegurado que realizou a conservação com sucesso é que ela inicia as suas actividades de entrega de madeira. Portanto, é um passo compreensivo e convincente que a empresa madeireira não apenas entenda a extração de recursos florestais, mas também seja capaz de preservar a floresta. Tanto a expansão do programa florestal social comunitário como os programas de conservação da empresa devem receber total apoio dos governos central e regional, incluindo apoio de ONGs, líderes religiosos e académicos locais.

CAPÍTULO 5

RESOLUÇÃO DO CONFLITO NA ILHA YAMDENA

Política de gestão de recursos florestais da Ilha Yamdena

Ilha Yamdena são multifuncionais e estão relacionados com as necessidades de subsistência dos humanos e de outros seres vivos nesta terra. Por esta razão, é necessário prestar alguma atenção à gestão dos recursos florestais na Ilha de Yamdena . Esta preocupação deve ser expressa sob a forma de uma estratégia, por exemplo sob a forma de disposições do sistema de valores culturais dos povos indígenas e sob a forma de regras e regulamentos a nível local, nacional e internacional. Para que as políticas de gestão dos recursos florestais sejam bem implementadas, é necessário um forte compromisso colectivo. Uma medida que poderia ajudar a concretizar este compromisso comum é o desenvolvimento de um entendimento comum que seja de natureza democrática, receptiva e transparente. Este entendimento partilhado deve ser registado num documento escrito assinado por todas as partes interessadas nos recursos florestais. As estratégias de gestão florestal de muitas partes na Ilha de Yamdena são apresentadas na **Tabela 3** .

Quadro 3 As políticas florestais de muitas partes na ilha de Yamdena

Forest service	Community and village governments	Regional government of Maluku Tenggara Barat (MTB) district
Establishment program of Bungai forest management unit; Community land management program; Assistance program of farmers group.	Preparing the farmers group; Making data of forest products potential being developed.	Making regional regulations on the customary rights; Preparing common action program between the conflict villages.
Socialization programs of the community rights in accordance with legislation; Community strengthening programs and customary rights.	Conducting the customary deliberation and seeking for conflict resolution; Make rules for agreement of eating together.	Making regional regulations concerning the indigenous peoples; Making indigenous empowerment program.
Creating the land rehabilitation program; Committing an assistance program on the forest farmer group.	Redesign the customary institute of eating together; Making village regulations on land use.	Making regional regulations on resolution of land conflict/petuanan; Committing the mentoring program of land conflict resolution.
Giving information on impact of the land degradation;	Making village regulation on land use; Making village regulation on prohibition of destruction the forest/logging.	
Developing village forest/people forest program and forest conservation program.	Assisting resolution of land conflict through customary meeting; Providing assistance in equipment and means of farming business.	

Tabela 3, as aldeias vizinhas ou aquelas nas áreas florestais exploradas pela empresa madeireira foram instruídas a implementar programas de silvicultura social, tais como florestas de aldeia, florestas comunitárias, etc. Como activos da aldeia, certos requisitos devem ser cumpridos para o desenvolvimento de florestas de aldeia ou florestas comunitárias, tais como: Por exemplo: (1) garantia de gestão a longo prazo no que diz respeito à legalidade da terra e ao acesso da comunidade a áreas com estatuto de floresta estatal e outras áreas com outro estatuto e outras funções fundiárias; (2) presença de uma instalação florestal comunitária (CFVI); (3) garantir que as instalações florestais comunitárias estejam relacionadas com o esquema económico de desenvolvimento florestal da aldeia; (4) capacidade do pessoal; (5) Mecanismos de resolução de disputas sociais e fundiárias para garantir e proteger os direitos de gestão e CFVI. Estes requisitos estão claramente descritos na Lei Florestal n.º 41/1999. A partir deste estudo, pode-se concluir que a área florestal da aldeia na Ilha de Yamdena pode ser gerida da seguinte forma: (1) gestão e exploração da produção de madeira em pequena escala adaptada à natureza e características das florestas e às condições biofísicas da região ; (2) gestão e utilização de serviços florestais, particularmente ecoturismo; (3) Biodiversidade e comércio de carbono. Além disso, a empresa madeireira não se concentra mais na exploração madeireira, mas sim na restauração do ecossistema. Essencialmente, a empresa madeireira não explora a floresta diretamente desde o início, mas antes melhora-a plantando primeiro pousios e plantações e, com o envolvimento da população local, protegendo a flora e a fauna ameaçadas em várias partes da área destruída. floresta. Estas actividades são designadas por restauração de ecossistemas, cuja autorização para a sua realização é regulamentada pelo Regulamento Governamental n.º 6 de 2007. Somente quando a empresa madeireira tiver assegurado que a conservação foi bem-sucedida é que ela iniciará as suas atividades de entrega de madeira. Portanto, é um passo compreensivo e convincente que a empresa madeireira não apenas compreenda a extração de recursos florestais, mas também seja capaz de proteger a floresta. Tanto a expansão do programa florestal social comunitário como os programas de conservação da empresa devem ser totalmente apoiados pelos governos central e regional, incluindo o apoio de ONGs, líderes religiosos e autoridades locais.

Outra resolução de conflito

As Molucas estão actualmente a preparar-se para formar uma Unidade de Gestão Florestal (FMU) com base no Regulamento Governamental n.º 6 de 2007 sobre Gestão e Planeamento Florestal e Gestão e Utilização Florestal. A determinação estratégica da UMF visa dar respostas certas aos diversos problemas que surgem, especialmente o manejo florestal saudável no campo, priorizando os benefícios e os princípios sustentáveis. Uma UMF é uma área de manejo florestal que pode ser manejada de forma eficiente e sustentável de acordo com sua função básica e alocação. A divisão da área da UMF é realizada com base em estudos de viabilidade ecológica, segurança da área de manejo, viabilidade institucional e uso florestal. Assim, da floresta das Molucas podem ser obtidas 22 unidades, divididas em 11 distritos ou cidades, e a área florestal da Ilha Yamdena está incluída na UMF denominada FMU Bungai com uma área de 138.352 ha. De acordo com a administração governamental, a área de gestão da FMU fica na Área Administrativa do Distrito Oeste-Sudeste de Maluku. Com base na composição funcional da região florestal, o KPH Bungai é composto por três funções florestais, sendo elas Floresta de Produção Permanente (PPF) com área de 74.601 ha, Floresta de Produção Limitada (LPF) com área de 52.823 ha e Floresta Protegida. Área Florestal (PF) com uma área de 10.928 ha, com 3 captações de água nomeadamente Ranarmoye , Bungai e Selaru (Serviço Florestal Maluku , 2009). A área florestal de produção mostrada acima representa a área de concessão florestal da PT Karya Jaya Berdikari , que ainda opera sob licença de concessão. Como a área da UMF Bungai é dominada por florestas de produção, esta área foi designada como área de produção da UMF. Consequentemente, a gestão florestal provavelmente resultará na produção de madeira e não-madeireira, em vez de outras funções. Contudo, a utilização da floresta deve ser realizada com cuidado e a possibilidade de melhorar o estado dos recursos deve ser considerada. Não se deve esquecer que a área da UMF como bacia hidrográfica é de extrema importância, principalmente no seu papel de regulador do sistema hídrico. As comunidades do entorno da área da UMF ainda dependem da água do rio para suas atividades agrícolas e sustento diário, bem como para a renda da comunidade, que depende do setor agrícola tradicional. Paralelamente à implementação das UMF pela Agência Florestal das Maluku e pelo Governo do Distrito Oeste-Sudeste das Maluku, devem ser feitos esforços para resolver o conflito entre os povos indígenas e a empresa madeireira. Como parte do processo de melhoria do estado das florestas e de reconciliação de ambas as partes em conflito, o governo deve conceder o sistema de CLPI (Consentimento Livre, Prévio e Informado) aos povos indígenas para que possam decidir sobre a aceitação ou rejeição de vários projetos florestais. programas implementados nas áreas tradicionais se tornam. As florestas comunitárias geridas por povos indígenas e as florestas de produção geridas devem estar melhor preparadas para a certificação florestal pelo Instituto Indonésio de Rotulagem Ecológica (LEI), pelo Conselho de Manejo Florestal (FSC) ou pela Iniciativa Florestal Sustentável (SFI). A certificação florestal é um sistema para identificar áreas florestais bem geridas. Esta certificação é uma ferramenta de conservação florestal não regulamentada e baseada no mercado, concebida para reconhecer e promover uma silvicultura ambientalmente saudável e a sustentabilidade dos recursos florestais. A gestão florestal certificada significa que a floresta ajuda a combater as alterações climáticas globais . Dada a capacidade muito limitada do Ministério das Florestas para financiar a restauração de áreas terrestres críticas, a abordagem da desflorestação e da degradação florestal na Ilha de Yamdena depende da implementação do Programa de Redução de Emissões por Desflorestação e Degradação *(REDD+)* . O aproveitamento do programa REDD+ proporcionará uma oportunidade para os países desenvolvidos ajudarem a financiar a restauração de áreas terrestres críticas na Ilha de Yamdena . Maiores detalhes sobre o processo de recuperação e reconciliação durante a implantação da UMF são **apresentados na Figura 8** .

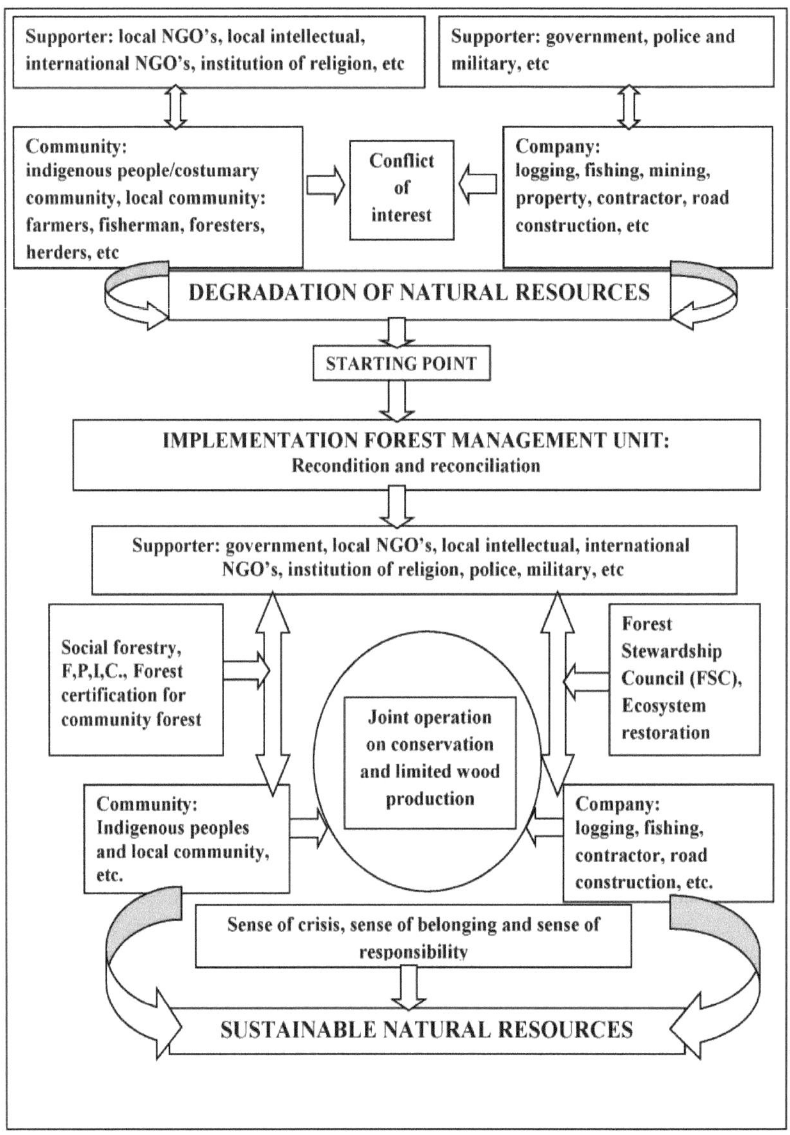

Figura 8. Processo de remediação e coordenação na implantação da unidade de manejo florestal.

RECONHECIMENTO

Os autores gostariam de agradecer à Direcção Geral do Ensino Superior, Ministério da Educação Nacional da Indonésia, por apoiar esta investigação através de bolsas de investigação competitivas em 2010 e 2011.

REFERÊNCIAS

Anônimo. 1991. Rencana Estrutura Tata Ruang Província Daerah Tingkat I Maluku , Fatos e Análise, PemerintahProvinsi Daerah Tingkat I, Maluku , pp.

Anônimo. 1992. Rencana Estrutura Tata Ruang Província Daerah Tingkat I Maluku 2005, Rencana , PemerintahProvinsi Daerah Tingkat I, Maluku, pp.

Bargali , HS 2016. Protegendo o habitat de tigres e elefantes na Índia. Instituto Earthwatch . Disponível em http://www.earthwatch.org/briefings/web Earthwatch protege tigres Habitat do elefante Índia 2016 (Acessado em 2 de abril de 2016)

Brown, DW, Stolle, F. 2009. Preenchendo a lacuna de informação: combate à exploração madeireira ilegal na Indonésia. Nota florestal do World Resources Institute. Manejo florestal no Sudeste Asiático. Outubro de 2009. pp.

Badarch, O., Lee, WK, Kwak, DA, Choi, S., Kokmila , K., Byun, JG, Yoo, SJ. Mapeamento da função florestal usando GIS na província de Selenge, Mongólia. Ciência e Tecnologia Florestal 7(1) (2011)23-29.

DII. 2012. Collins English Dictionary – completo e integral. Edição digital. Disponível em http://www.dictionary.com/browse/nature-preserve (acessado em 21 de março de 2016)

Chevalier, J. 2001. *Análise das partes interessadas e gestão de recursos naturais.* Relatório do Sistema de Informação das Partes Interessadas da Carleton University, Ottawa.

Colfer, CJP, Sheil, D. e Kishi, M. 2006. "Floresta e Saúde Humana: Avaliando as Evidências". Documento Ocasional No. 45 do CIFOR, CIFOR, Bogor, Indonésia. Recuperado em 21 de junho de 2014. http://www.cifor.org/publications/pdf files/research/ liveli Hood/Forest Health/pdf13.pdf.

De Koning, RD, Capistrano, D., Yasmi, Y. e Cerutti, P. 2008. "Conflito Relacionado à Floresta: Impactos, Ligação e Medidas para Mitigar". Recuperado em 27 de outubro de 2014.
http://www.rightsandresources.org/documents/files/doc_822.pdf .

Parceria UE-ONU, 2008a. Recursos renováveis e conflitos. http://www.un.org/en/land-natural-resources Conflito/ pdfs / GN_ExeS _ Renewable%20Resources%20and%20Conflict.pdf

Parceria UE-ONU, 2008b. País e conflito. http://www.un.org/en/land-natural-resources-conflict/pdfs/GN ExeS País%20and%20Conflict.pdf

FAO. 2013. Florestas e Água: Dinâmica e Ação Internacional. Organização para Alimentação e Agricultura das Nações Unidas. Roma.

Aliança pela Legalidade Florestal. 2016. Desmatamento e proibições de exportação. http://www.forestlegality.org/content/logging-and-export-bans (Acessado em 25 de setembro de 2016)

Organização Internacional de Madeiras Tropicais (ITTO). 2011. "Manejo florestal sustentável". Recuperado em 21 de junho de 2014.

http://www.itto.int/sustainable floresta Gerenciamento/.

Kant, S., Berry, RA 2005. Economia, Sustentabilidade e Recursos Naturais, Economia da Gestão Florestal Sustentável, Publicado por Springer, Dordrecht, Holanda, pp.

Kastanya , A. 2002. Pengelolaan Produção Hutan Alam Lestari Sesuai com Gugus Pulau di Maluku , Distrito. Universidades Gadjah Mada, Yogyakarta, pp.

Khan, MS, Bhagwat, SA. Áreas protegidas: um recurso ou uma restrição para a população local? Um estudo no Parque Nacional Chitral Gol, Província da Fronteira Noroeste, Paquistão. Pesquisa e Desenvolvimento em Montanha 30(1) (2010) 14-24

Kui, LQ 2000. Silvicultura comunitária e gestão de conflitos: um estudo de caso da Reserva Natural do Rio Nangun , Yunnan, China. Disponível em http://

www.m.mekonginfo.org/assets/midocs/0002267/-environment-community-forestry-and-conflict-management-a-case-in-nangun-river-nature-reserve-yunnan-china.pdf (Acessado em 28 de março de 2016)

Lei da República da Indonésia. 1999. "Lei da República da Indonésia n° 41 de 1999 relativa à silvicultura." Acessado em 15 de janeiro de 2014. http://theredddesk.org/sites/default/files/uu41_99_en.pdf .

Lokollo , J. 2006. A *Lei Ulayat* dos Povos Indígenas na Região de Maluku Tengah. Pattimura - Universidade. Ambon, Indonésia. (em indonésio)

Laumonier , I., Bourgeois, R., e Pfund, JL 2008. "Contabilização da Dimensão Ecológica na Pesquisa e Desenvolvimento Participativo: Lição Aprendida da Indonésia e Madagascar " *Ecologia e Sociedade* 13(1): 15. Recuperado em 27 de agosto de 2008.
2014.

http://www.ecologyandsociety.org/vol13/iss1/artl5/.

Mardiatmoko , G., Kastanya , A., Hatulesila , JW 2014. Implementação de investigação-acção para combater a pobreza das comunidades locais em reservas florestais. Jornal de Ciência e Tecnologia Agrícola B 4 (9): 744-751.

Mardiatmoko , G., Silaya , TM, Hatulesila , JW 2015. Conflitos florestais e gestão de recursos florestais entre povos indígenas e empresas madeireiras em uma pequena ilha. Jornal de Ciência e Tecnologia Agrícola B, 5 (4): 257-268.

Maharjan, KL e Khatri-Chhetri, A. 2006. O papel das *florestas na segurança alimentar das famílias: percepções da zona rural do Nepal*. Relatório Anual do Centro de Pesquisa em Geografia Regional 15, Universidade de Hiroshima.

Mittenthal, RA 2002. Dez chaves para um planejamento estratégico bem-sucedido para líderes de fundações e organizações sem fins lucrativos. Documentos informativos. Grupo TCC. Disponível em http://

www.tccgrp.com/pdfs/per brief tenkeys.pdf (acessado em 1 de abril de 2016)

Madden, F. 2009. Conflito homem-vida selvagem: resolução através da colaboração e inovação. Soluções selvagens: superando problemas de conflito entre humanos e animais selvagens. 6° Simpósio Anual do Centro de Ecologia e Conservação Tropical · Universidade de Antioquia. Nova Inglaterra. Disponível em http://www.antiochne.edu/centerfortropicalecology/events/wildsolutions3/ (Acessado em 30 de março de 2016)

Monk, KA, de Fretes, Y., Lilley, GR 1997. A ecologia de Nusa Tenggara e Maluku, The Ecology Indonesia Series, Volume V. Oxford University Press, pp.

Nguyen, D. 2008. Reserva Natural Van Long Vietnã. Disponível em http://

www.iccaconsortium.org/wp-confent/uploads/images/media/grd/van long Vietnã Relatório Básico de Discussão da ICCA.pdf (Acessado em 28 de março de 2016)

Nugraha , RT, Sugardjito , J. 2009. Avaliação e opções de gestão do conflito humano-tigre em Kerinci Seblat - Parque Nacional, Sumatra, Indonésia. Estudo de Mamíferos 34(3): 141-154.

Panusittikorn , P., Prato, T. 2001. Protegendo áreas protegidas na Tailândia: O caso do Parque Nacional Khao Yai. Fórum George Wright,18(2):66-76

Palmer, CE 2000. "A extensão e as causas do desmatamento ilegal: Uma análise de um dos principais impulsionadores do desmatamento tropical na Indonésia." CSERGE Working Paper, Departamento de Economia, University College London, Londres. Recuperado em 25 de março de 2014.

http://www.ucl.ac.uk/cserge / Registro ilegal.pd f

PT. Kurnia Sylva Consultando . 2009. "Estudo sobre Degradação Florestal na Ilha Yamdena , Maluku ." Recuperado em 1 de março de 2015.

http://www.dephut.go.id/files/Kajian Degradasi Yamden um _1998_2008. pdf. (em indonésio)

Sternberg, RJ, Grigorenko, E. 2007. Ensinando para uma inteligência bem-sucedida: para melhorar o aprendizado e o desempenho dos alunos, 2^a ^{ed} . Califórnia: Corwin Press: 79

Sjamsuddin , N. 2003. Presidente Soeharto Meresmikan 19 peças Kayu Lapis di Pulau Mangole , Maluku . http://soeharto.co/1990-09-11 - presi den- soeharto - meresmikan - 19-pabrik-kayu-
Lápis-di- Pulau - Mangole-Maluku (Acessado em 19 de agosto de 2016)

Santoso, I. 2008. "Zoneamento de áreas florestais e conflitos relacionados. " Peneliciano Social e econômico Kehutanan 5(3): 143-53.

Samndong , R. A. e Vatn , A. 2012. "Conflitos relacionados com florestas no sudeste dos Camarões: causas e opções políticas." International Forestry Review 14 (2): 213-26.

Stolle, F. e Brown, DW 2009. "Preenchendo a lacuna de informação: Combatendo a exploração madeireira ilegal na Indonésia." Nota Florestal do Instituto de Recursos Mundiais, Governança Florestal no Sudeste Asiático. Recuperado em 23 de agosto de 2014. http://www.wri.org/publication/bridging-information-gap .

TII. 2016. Conservação da natureza: A escolha está aí, a decisão é nossa. Tropenbos Internacional Indonésia. O Posto de Jacarta. Edição em papel. Disponível em: http://www.thejakartapost.com/news/2016/02/29/nature-conservation-the-choice-there-decision-ours.html (Acessado em 2 de março de 2016)

Zulkifli, A. 2013. Sejará pengelolaan Hutan da Indonésia. http://bangazul.com/ sejarah -

pengelolaan -hutan -di- Indonésia / (Acessado em 13 de junho de 2016)

Yasmi, Y., Kelley, L. e Enters, T. 2011. "Conflitos florestais na Ásia e o papel da ação coletiva na sua abordagem." CAPRI Working Paper No.

DADOS DOS AUTORES

Gun Mardiatmoko
Palestrante em silvicultura.
Escritório: Departamento Florestal, Faculdade de Agricultura, Pattimura - Universidade, Ambon, Indonésia.
Formação académica: Faculdade de Silvicultura, Universidade Gadjah Mada (S-1, 1978-1982 e S-2, 1995-1997, Indonésia), Faculdade de Agricultura, USAMV-Roménia, S-3, 2004-2007).
Ativo na condução de ensino, pesquisa aplicada e trabalho de serviço comunitário nas Molucas.
Alguns resultados de pesquisas foram publicados: (1) *Implementação de pesquisa-ação para combater a pobreza das comunidades locais em reservas florestais* , ano 2014, (2) *Conflito florestal sobre a gestão de recursos florestais entre povos indígenas e empresas madeireiras em pequenas ilhas,* ano 2015 (Journal of Agricultural Science and Technology), (3) *Estudo sobre a aplicação de GIS para estabelecer uma classificação de biomassa para apoiar a implementação de um mecanismo de desenvolvimento verde,* ano 2012 (Journal).

Alguns resultados do serviço comunitário nas Molucas: Desenvolvimento comunitário para aumentar os rendimentos através do desenvolvimento de - sistemas agroflorestais baseados em plantas de fruta e noz-moscada (ano 2011-2016).

<u>Thomas Silaya</u>
Palestrante em silvicultura.
Escritório: Departamento Florestal, Faculdade de Agricultura, Pattimura - Universidade, Ambon, Indonésia.
Ministrou alguns cursos sobre silvicultura social, política e legislação florestal na Indonésia.
Activo na investigação aplicada, como no estudo do conhecimento local em algumas aldeias das ilhas Seram e Yamdena , etc.
Aconselhar activamente a comunidade sobre a sustentabilidade dos recursos florestais em várias aldeias da Ilha Seram.

<u>Jan Hatulesila</u>
Professor júnior em silvicultura.
Escritório: Departamento Florestal, Faculdade de Agricultura, Pattimura - Universidade, Ambon, Indonésia.

Ativo na implementação de pesquisa aplicada, como estudo de medição de biomassa na aldeia de Hutumury , perto de Gunung Sirimau Forest Protection , estudo de biodiversidade na regência de Seram Bagian Barat.
Alguns resultados do serviço comunitário em Maluku : Fortalecendo a sociedade para Salak (*Salaca* Plantando e cuidando *de Zalacca* sob sistemas agroflorestais tradicionais na aldeia de Wakal , área do governo local de Maluku Tengah ; Treinamento sobre plantio de árvores pluviais (*Albizia Saman*) em colaboração com o Panin Bank na Ilha Ambon.

Índice

Printed by Books on Demand GmbH, Norderstedt / Germany